农家书屋助乡村振兴丛书

兽药
安全使用知识手册

中国兽医药品监察所 ◎ 编

SHOUYAO
ANQUAN SHIYONG ZHISHI SHOUCE

合理用药/防病治病　科学用药/保质保量　安全用药/增产增效

中国农业出版社
农村设物出版社
北　京

编 写 人 员

主　编　郭　晔　刘业兵

副主编　张广川　王　甲　李　倩　王　彬

编　者　郭　晔　刘业兵　张广川　王　甲
　　　　　李　倩　王　彬　顾进华　王　娟
　　　　　郭　辉

审　稿　李　明　高　光　巩忠福

绘　图　于　童　曾岳晖

前言

Foreword

兽药是预防、治疗、诊断动物疾病，或者有目的地调节动物生理机能的物质。在农业生产，特别是动物疫病防控中，兽药是不可或缺的重要投入品。科学合理使用兽药，不仅能够及时有效防治动物疫病，还能改善动物的生产性能、促进畜牧养殖业的健康发展。

为普及兽药使用知识，宣传兽药的安全使用方法，切实做好动物疫病防控，保障动物源性产品安全、公共卫生安全和人类健康，我们编写了这本《兽药安全使用知识手册》。手册涵盖了兽药的基本知识与科学合理使用常识，重点介绍了兽用抗菌药和兽用疫苗使用原则、安全使用方法、常用抗菌药和兽用疫苗等内容。

本手册力求以浅显易懂的文字、简洁形象的图片，向基层养殖场（户）宣传政策法规，传播兽药科学使用常识，规范养殖用药行为，降低滥用兽用抗菌药等带来的危害，最终实现养殖环节“用好药”“少用药”，为助力畜牧业绿色发展，保障人民群众“舌尖上的安全”做出积极贡献。

由于时间仓促，编辑过程中疏漏之处在所难免，敬请广大读者批评指正。

编　者

2020年2月

目 录 CONTENTS

前言

一、兽药基本知识……1

（一）兽药的定义……1

（二）兽药的分类……1

（三）兽药剂型种类……2

（四）兽药的贮藏……2

（五）兽用处方药与兽用非处方药……4

（六）兽药的特点……5

二、兽用抗菌药基本知识……6

（一）什么是兽用抗菌药……6

（二）主要兽用抗菌药分类……7

（三）兽用抗菌药的常用剂型……9

（四）兽用抗菌药的常用给药途径……10

（五）兽用抗菌药的作用机制……10

（六）专业名词……11

三、兽用抗菌药物使用原则……14

（一）兽医指导下用药……14

（二）严格掌握适应症 ……14
（三）制定合理的给药方案 ……14
（四）控制用量和疗程 ……14
（五）联合应用抗菌药 ……15
（六）避免配伍禁忌 ……16
（七）防止不良反应 ……16
（八）严格遵守休药期 ……16
（九）避免影响免疫反应 ……16
（十）防止产生耐药性 ……16
四、兽用抗菌药的安全使用 ……17
（一）坚持“四不原则” ……17
（二）读懂标签说明书 ……17
五、兽医临床常用抗生素和合成抗菌药 ……19
（一）抗生素 ……19
（二）合成抗菌药 ……20
六、长期使用抗菌药的危害 ……21
七、禁止在动物养殖中使用的抗菌药 ……23
八、兽用疫苗基本知识 ……24
（一）兽用疫苗概念 ……24
（二）兽用疫苗分类 ……24
（三）兽用疫苗主要作用 ……26

九、 兽用疫苗的选购、贮藏、运输 …………27
（一）兽用疫苗的选购 ……………………………27
（二）兽用疫苗贮藏 ………………………………29
（三）兽用疫苗运输 ………………………………30
十、兽用疫苗的正确使用 ……………………………31
（一）接种基本原则 ………………………………31
（二）接种方法………………………………………33
（三）使用前准备 …………………………………34
（四）接种注意事项 ………………………………34
（五）接种后注意事项 ……………………………36
十一、 影响兽用疫苗免疫效果的因素 ………38
（一）疫苗因素 ……………………………………38
（二）免疫程序因素 ………………………………39
（三）动物自身因素 ………………………………42
（四）营养因素………………………………………43
（五）药物因素 ……………………………………43
（六）管理与环境因素 ……………………………43
十二、畜禽常用疫苗…………………………………45
（一）禽用疫苗………………………………………45
（二）猪用疫苗………………………………………47
（三）牛羊用疫苗 …………………………………48

十三、什么是假劣兽药 ……49
十四、如何识别假劣兽药 ……51
十五、科学合理使用兽药 ……58
（一）不能使用农业农村部划定的禁药 ……58
（二）不能滥用兽药 ……59
（三）要严格执行休药期规定 ……60
（四）规范饲料用药 ……61
（五）科学使用消毒剂 ……62
附　录 ……64
中华人民共和国农业部公告 第2292号 ……64
中华人民共和国农业部公告 第2428号 ……66
中华人民共和国农业部公告 第2638号 ……67
中华人民共和国农业农村部公告 第246号 ……68
中华人民共和国农业农村部公告 第250号 ……70
兽用处方药品种目录 ……72
中华人民共和国农业部公告 第1997号 ……72
中华人民共和国农业部公告 第2471号 ……75
中华人民共和国农业农村部公告 第245号 ……77

一、兽药基本知识

（一）兽药的定义

兽药，是指用于预防、治疗、诊断动物疾病或者有目的地调节动物生理机能的物质（含药物饲料添加剂）。

（二）兽药的分类

生物制品类：血清制品、疫苗、诊断制品、微生态制品等。

中药类：中药材、中成药等。

化学药品类：化学药品、抗生素、生化药品、放射性药品等。

其他：外用杀虫剂、消毒剂等。

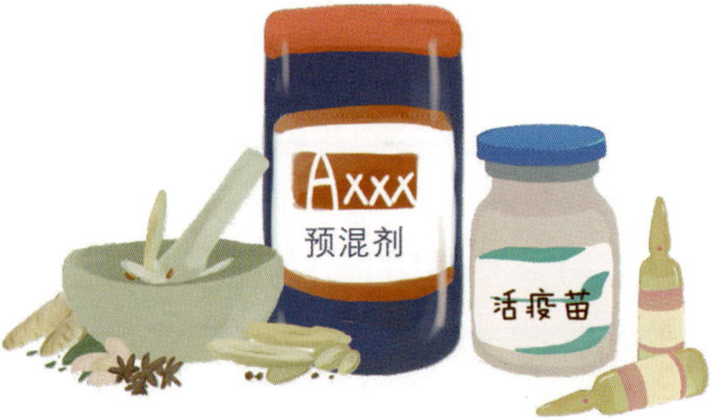

（三）兽药剂型种类

为适应临床和贮存、运输需要，将药物按不同给药形式加工制备成液体、半固体和固体不同形态的兽药制剂。

（1）固体剂型分为：粉剂、散剂、预混剂、片剂、颗粒剂、胶囊剂、丸剂、注射用粉、冻干粉针、锭剂。

（2）液体剂型分为：溶液剂、注射剂、灌注剂、注入剂、合剂、煎剂、流浸膏、搽剂、酊剂、气雾剂等。

（3）半固体剂型分为：舔剂、软膏剂、乳膏剂、糊剂等。

（四）兽药的贮藏

贮藏条件基本术语：

遮光：系指用不透明的容器包装，如棕色瓶或黑色纸包裹的无色透明、半透明容器。

密闭：系指将容器密闭，以防止尘土及异物进入。

密封：系指将容器密封，以防止风化、吸潮、挥发或者异物进入。

阴凉处：系指不超过20℃的条件下贮藏。

阴暗处：系指避光并不超过20℃的条件下贮藏。

冷处：系指2 ～ 10℃的条件下贮藏。

常温：系指10 ～ 30℃的条件下贮藏。

疫苗一般需要低温保存，有的还需冻干或液氮保存。凡要求2 ～ 8℃贮存的灭活疫苗、诊断液及血清等，宜在同

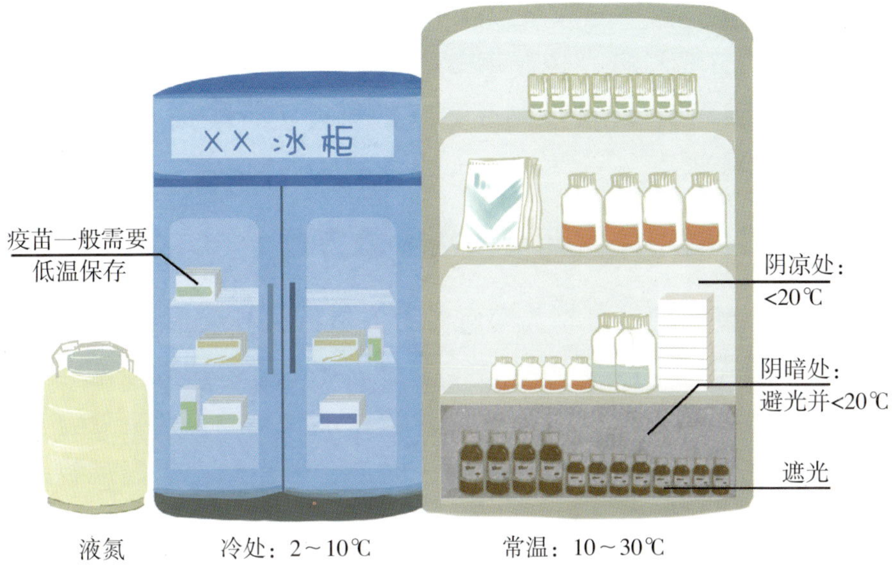
XX 冰柜
疫苗一般需要低温保存
阴凉处：<20℃
阴暗处：避光并<20℃
遮光
液氮
冷处：2～10℃
常温：10～30℃

疫苗
血清

样温度下运送，严冬季节须采取防冻措施。所有运输过程，必须严防日光暴晒，炎夏季节应采用降温设备。凡须低温贮存的活疫苗，应按照制品要求的温度进行贮藏和运输，包装符合要求。

（五）兽用处方药与兽用非处方药

兽用处方药，是指凭兽医处方方可购买和使用的兽药。第一批兽用处方药有9类227个品种，第二批兽用处方药有19个品种，第三批兽用处方药有22个品种。国家建立处方药管理制度，是减少兽药滥用，促进合理用药，提高动物源性产品质量安全的有效措施。

兽用非处方药，是指由国务院兽医行政管理部门公布的、不需要凭兽医处方就可以自行购买并按照说明书使用的兽药。兽用非处方药应按照兽药标签和说明书载明的适

用范围、使用剂量正确使用，若超剂量、超范围使用同样会带来安全风险。

（六）兽药的特点

（1）由于面对的动物种类多、差异性大、生理特性各异，造成兽药品种多、剂型多、用药复杂。

（2）兽药的包装、用药剂量、给药途径与方法，都是根据动物的特征确定的。兽药的包装规格一般比较大，有的可以通过饲料或饮水给药。

（3）一些兽药的使用对象有严格的界限，比如：反刍动物对某些麻醉药比较敏感；牛对汞制剂耐受性很低；草食动物使用抗生素后易引起消化机能失常；呋喃类药物易引起禽类中毒。

（4）兽药的配方、生产工艺、质量检验、用法与用量都是根据动物的特点设计的，不适用于人；如果用于人，可能会造成不良后果。

二、兽用抗菌药基本知识

（一）什么是兽用抗菌药

抗菌药是指能抑制或杀灭细菌，用于预防和治疗细菌性感染的药物，包括抗生素和人工合成抗菌药。在兽医临床上，用于预防、治疗动物细菌性感染的抗菌药，称为兽用抗菌药。

（二）主要兽用抗菌药分类

1.抗生素类　是细菌、真菌、放线菌等微生物的代谢产物，在极低浓度下能抑制或杀灭其他微生物。抗生素是从微生物的培养液中提取的，还能对其化学结构进行改造后获得新化学物，称为半合成抗生素。

根据抗生素的化学结构，可将其分为：

β-内酰胺类：主要包括青霉素类和头孢菌素类，前者有青霉素、氨苄西林、阿莫西林、苯唑西林等，后者有头孢氨苄、头孢喹肟、头孢噻呋等。

氨基糖苷类：主要有链霉素、卡那霉素、庆大霉素、新霉素、大观霉素、安普霉素等。

大环内酯类：红霉素、泰乐菌素、替米考星、吉他霉素等。

四环素类：土霉素、四环素、金霉素、多西环素等。

此外，还有林可胺类、多肽类、酰胺醇类、截短侧耳素类、含磷多糖类等。

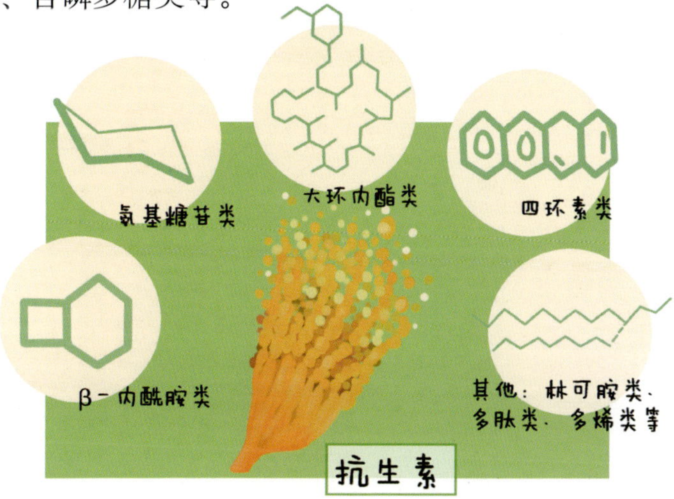

2.化学合成抗菌药　抗菌药除了上述抗生素之外，还有许多人工合成的药物，在防治动物疾病方面起着重要的作用。

化学合成抗菌药分为：

磺胺类及其增效剂：主要包括磺胺嘧啶、磺胺对甲氧嘧啶等。

氟喹诺酮类：主要有环丙沙星、恩诺沙星等。

喹噁啉类：主要有乙酰甲喹、喹烯酮等。

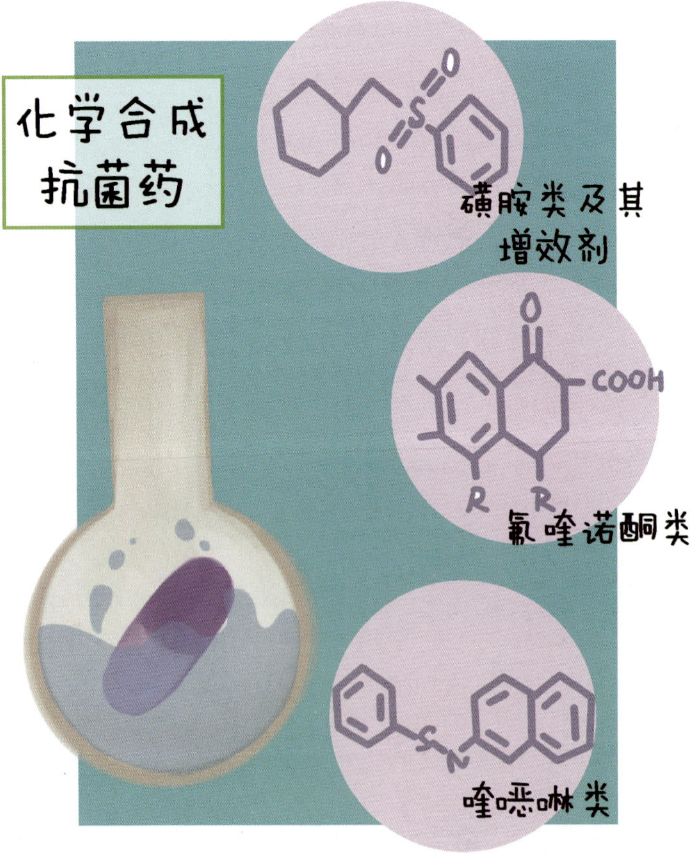

（三）兽用抗菌药的常用剂型

片剂、注射剂、胶囊剂、粉剂、预混剂、颗粒剂、可溶性粉、口服溶液剂、乳房注入剂、子宫灌注剂、软膏剂等。

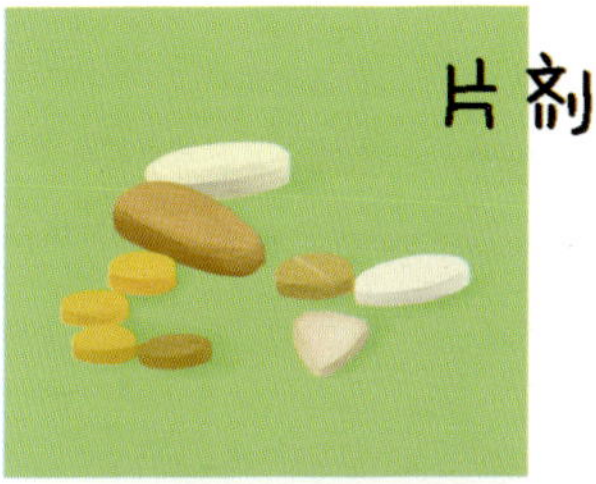

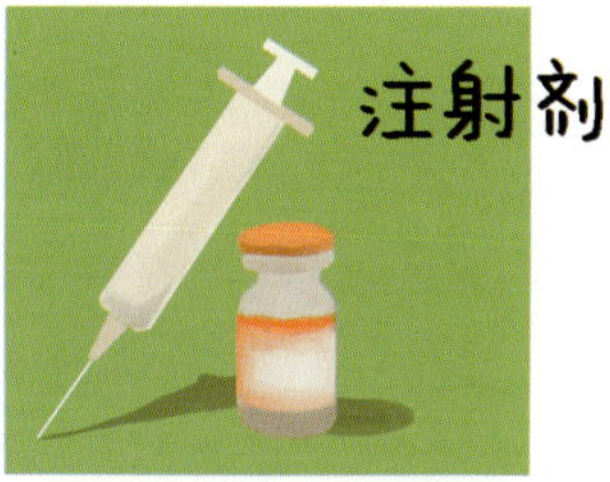

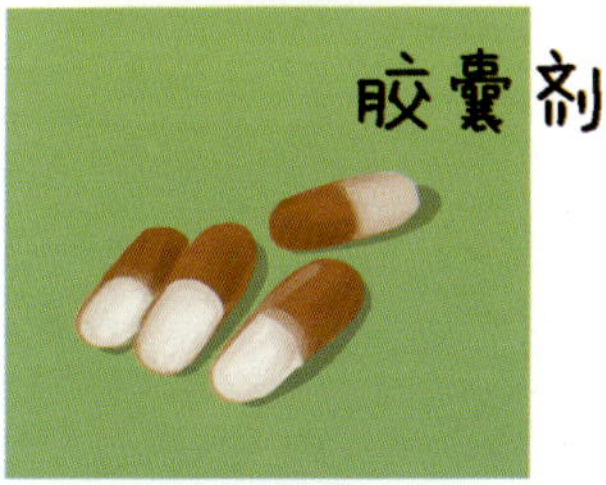

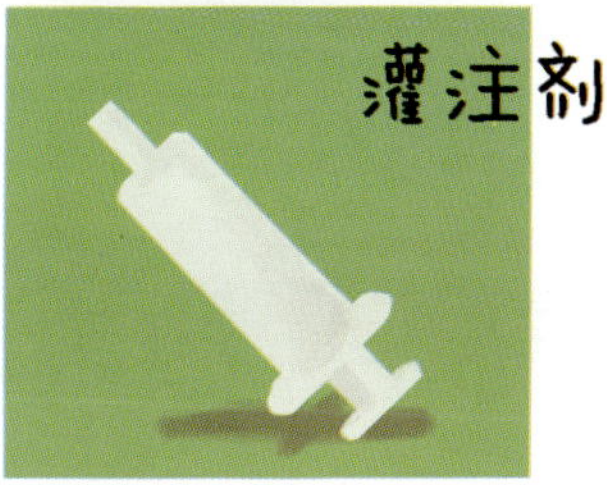

（四）兽用抗菌药的常用给药途径

注射给药：静脉注射、肌肉注射、皮下注射等。

口服给药：饮水给药、混饲给药、内服给药等。

局部给药：乳房注入、子宫灌注等。

（五）兽用抗菌药的作用机制

1.抑制细菌细胞壁的合成　如青霉素类、头孢菌素类和杆菌肽等。

2.增加细菌细胞膜的通透性　如多肽类、多烯类等。

3.抑制细菌蛋白质合成　如四环素类、大环内酯类、酰胺醇类、林可胺类等。

4.抑制细菌DNA合成　如氟喹诺酮类等。

5.抑制细菌叶酸代谢　如磺胺类等。

（六）专业名词

1.抗菌谱　是指抗菌药抑制或杀灭病原微生物的范围。

广谱抗菌药：能抑制或杀灭多种不同种类的细菌，抗菌作用范围广泛的药物，如阿莫西林、头孢噻呋、氟苯尼考、多西环素、恩诺沙星，它们不仅对革兰氏阳性菌和革兰氏阴性菌有抗菌作用，对支原体、衣原体、立克次体等也有抑制作用。

窄谱抗菌药：抗菌范围小，仅作用于单一菌种或单一菌属，如青霉素只对革兰氏阳性菌有效，链霉素、新霉素只对革兰氏阴性菌有效。

2.抗菌活性 是指抗菌药抑制或杀灭细菌的能力。能够抑制培养基内细菌生长的最低浓度称为最小抑菌浓度（MIC）。以杀灭细菌为评定标准时，使活菌总数减少99%或99.5%以上，称为最小杀菌浓度（MBC）。

3.杀菌药和抑菌药 抗菌药一般按常用量在血液和组织中的药物浓度所具有的杀菌或抑菌性能，分为杀菌药和抑菌药。杀菌药是指能够杀灭细菌的药物，如β-内酰胺类、氟喹诺酮类、氨基糖苷类；抑菌药是指能抑制细菌生长繁殖，如磺胺类、大环内酯类、四环素类。

4.耐药性 是指细菌等微生物对抗菌药物作用的敏感性降低，而出现耐受性，又称为抗药性，可分为固有耐药性和获得耐药性两种。

5.兽药残留　是指食品动物在使用兽药后蓄积或储存在细胞、组织或器官内，或进入泌乳动物的乳或产蛋家禽的蛋中的药物原型及其代谢物。

6.休药期　是指畜禽停止给药到许可屠宰或其产品（乳、蛋）许可上市的间隙时间，休药期随畜禽种类、药物种类、制剂形式、用药剂量及给药途径不同而有差异，与药物在动物体内的消除率和残留量有关。休药期的规定是为了避免供人食用的动物组织或产品中残留药物超标。

三、兽用抗菌药物使用原则

（一）兽医指导下用药

兽用抗菌药大多是处方药，属于处方药的，按照农业农村部《兽用处方药和非处方药管理办法》规定，不能随便购买，需持有兽医处方方可购买，并在兽医指导下使用。

（二）严格掌握适应症

正确诊断是选择药物的前提，有了确切诊断，了解致病菌种类，通过药敏试验，选择对病原菌高度敏感的药物。

（三）制定合理的给药方案

抗菌药在机体内要发挥杀灭或抑制病原菌的作用，必须在靶组织或器官内达到有效的浓度，并能维持一定的时间。因此，在给药上，应在考虑各类药物特征的基础上，结合畜禽的病情、体况，制定合理的给药方案。

（四）控制用量和疗程

使用抗菌药治疗，就要依据药物说明按时按量投药，不轻易停药，保证疗程。一般首次用药剂量以规定剂量的上限为宜；急性传染病和严重感染时剂量也以上限为宜。给药途径也应适当选择，严重感染时可采用注射给药，一般感染以通过口服给药为宜。

（五）联合应用抗菌药

联合应用抗菌药指的是不同类别的抗菌药的联合使用。联合应用抗菌药的目的主要在于扩大抗菌谱、增强疗效、减少用量、降低或避免毒副作用，减少或延缓耐药菌株的产生。多数细菌性感染只需用一种抗菌药物进行治疗，即使细菌的合并感染，目前也有多种广谱抗菌药可供选择。联合用药仅适用于少数情况，一般两种药物联合即可，同一类抗菌药不能同时使用。

（六）避免配伍禁忌

抗菌药物之间以及抗菌药与其他药物联合使用时，有时会发生相互作用，影响药物疗效，引起不良反应，应设法避免。

（七）防止不良反应

动物机体的机能状态不同，对药物的反应亦有差异，应用抗菌药物治疗畜禽疾病的过程中，除要密切注意药效外，同时要注意可能出现的不良反应，一经发现应及时停药、更换药物和采取相应解救措施。营养不良、体质衰弱或孕畜对药物的敏感性较高，容易产生不良反应。

（八）严格遵守休药期

为有效避免抗菌药物在动物源性食品中残留的发生，要严格遵守休药期的规定。

（九）避免影响免疫反应

在进行各种菌苗预防接种前后数天内，不宜使用抗菌药。

（十）防止产生耐药性

不宜长时间固定使用某一类或某几种抗菌药，要有计划地分期、分批交替、轮换使用不同类或不同作用机理的抗菌药。

四、兽用抗菌药的安全使用

（一）坚持“四不原则”

1.不随意买药　多数抗菌药是处方药，不能随便购买，需凭兽医处方购买兽药。

2.不自行选药　抗菌药需对因才能充分发挥药效。

3.不盲目投药　抗菌药需遵医嘱给动物投服，不能随意乱用。

4.不随意停药　按照兽医处方给感染动物使用抗菌药治疗，就要依据药物使用按时按量投药，并保证疗程。

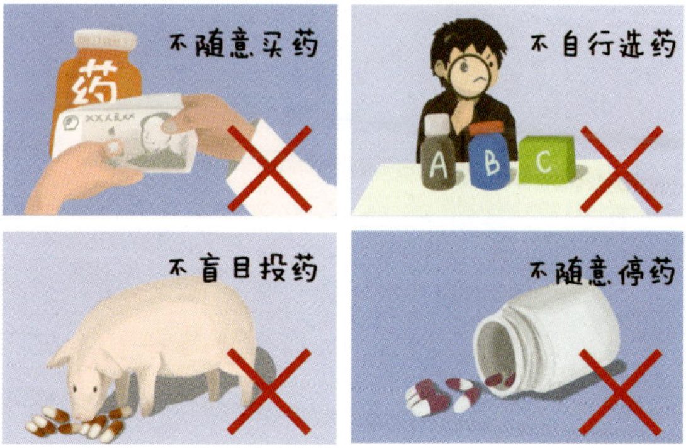

（二）读懂标签说明书

1.兽药标签和说明书主要内容　《兽药标签说明书管理

办法》规定，兽药的标签和说明书，应以中文注明兽药的通用名称、成分及其含量、规格、生产企业、产品批准文号(进口兽药注册证号)、产品批号、生产日期、有效期、适应症或者功能主治、用法、用量、休药期、禁忌、不良反应、注意事项、运输贮存保管条件及其他应当说明的内容。有商品名称的，还应当注明商品名称。

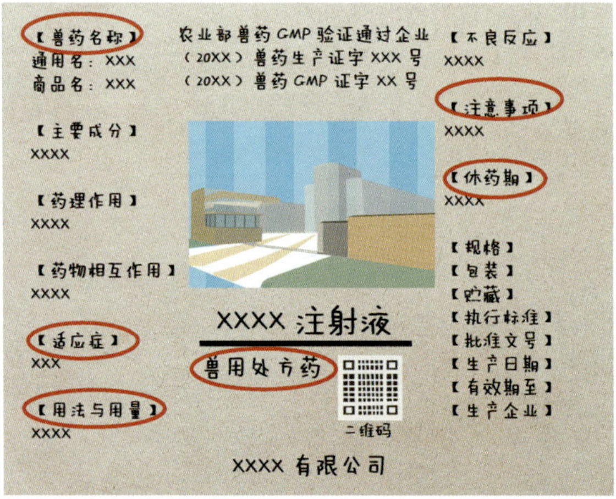

2. 查看兽药有效期　兽药有效期系指在规定的贮藏条件下能够保证质量的期限。在采购和使用兽药产品时，应当查验兽药标签中的有效期限，超过有效期限的不能使用。

兽药有效期按年月顺序标注。年份用四位数表示，月份用两位数表示，如“有效期至2018年9月”或“有效期至2018.09”。

3. 注意兽药保存条件　保存条件系指对兽药贮存与保管的基本要求。防止兽药变质的主要因素，包括空气、温度、湿度、光照、贮藏时间等。

五、兽医临床常用抗生素和合成抗菌药

（一）抗生素

1. β - 内酰胺类

（1）青霉素、苄星青霉素、氨苄西林、阿莫西林、海他西林。

（2）头孢菌素类，如头孢氨苄、头孢噻呋、头孢喹肟等。

2. 氨基糖苷类　如链霉素、庆大霉素、卡那霉素、新霉素、大观霉素和安普霉素等。

3. 四环素类　如金霉素、土霉素、四环素和多西环素等。

4. 酰胺醇类　如甲砜霉素、氟苯尼考。

5. 大环内酯类　如红霉素、吉他霉素、泰乐菌素、替米考星、泰万菌素、泰拉霉素等。

6. 多肽类　如杆菌肽锌、黏菌素、那西肽和恩拉霉素等。

7. 林可胺类　如林可霉素。

8. 截短侧耳素类　如泰妙菌素、沃尼妙林等。

9. 其他　赛地卡霉素等。

（二）合成抗菌药

1.氟喹诺酮类　环丙沙星、恩诺沙星、沙拉沙星、二氟沙星、达氟沙星、马波沙星等。

2.磺胺类　磺胺嘧啶、磺胺噻唑、磺胺二甲嘧啶、磺胺甲噁唑、磺胺对甲氧嘧啶、磺胺间甲氧嘧啶、磺胺喹噁啉、磺胺氯达嗪、磺胺脒、甲氧苄啶、二甲氧苄啶等。

3.喹噁啉类　乙酰甲喹。

六、长期使用抗菌药的危害

长期使用抗菌药的危害如下：

①导致细菌产生耐药性。

②在敏感菌得到控制的同时，不敏感菌或耐药菌大量繁殖，产生新的感染菌源，造成二重感染。

③损伤动物免疫器官，使畜禽机体的免疫力下降。

④引起畜禽肝肾功能异常、过敏性休克等副作用。

⑤由于抑制或杀灭了正常菌群，影响肠道的运动和对营养物质的吸收。

⑥长期少量使用抗生素促进畜禽生长，造成畜禽产品中产生兽药残留。

⑦畜禽产品中残留的抗生素和耐药菌株，通过食物链转移给人类，从而危害到人类健康，影响公共卫生安全。

兽药残留
二重感染
危害人类健康
免疫力下降
副作用
影响肠道菌群
细菌产生耐药性

七、禁止在动物养殖中使用的抗菌药

1.全面禁止使用的抗菌药　禁止使用氯霉素、硝基呋喃类。

2.禁止使用促生长抗菌药

①禁止硫酸黏菌素用于动物促生长。

②禁止硝基咪唑类用于动物促生长。

3.禁止部分动物在饲养阶段使用抗菌药　禁止恩诺沙星片(可溶性粉)、盐酸（乳酸）环丙沙星可溶性粉、甲磺酸达氟沙星粉、阿莫西林可溶性粉在蛋鸡产蛋期使用。

4.停止使用的抗菌药　停止在食品动物中使用洛美沙星、培氟沙星、氧氟沙星、诺氟沙星、喹乙醇、氨苯胂酸、洛克沙胂7种抗菌药。

八、兽用疫苗基本知识

（一）兽用疫苗概念

兽用疫苗是由完整的微生物（天然或人工改造），或微生物的分泌成分（毒素），或微生物的部分基因序列经生物学、生物化学和分子生物学等技术加工制成的，用于动物疫病预防控制的一种生物制品。

（二）兽用疫苗分类

根据抗原的性质和制备工艺，分为活疫苗和灭活疫苗。

根据疫苗中所含微生物种类，分为细菌苗、病毒苗、寄生虫苗等。

根据疫苗中所含抗原种类或防制疫病种类多少，分为单苗和联苗。

根据抗原制备方法，分为动物组织苗、鸡胚苗、细胞苗、培养基苗、合成肽苗等。

根据疫苗的外观，分为冻干苗、液态苗、干粉苗等。

根据抗原的性质和制备工艺分类

根据疫苗的外观分类

（三）兽用疫苗主要作用

免疫防治技术在传染病的防治中具有重要作用，这种免疫作用分为被动免疫和主动免疫两大类型。被动免疫是动物依靠接受其他机体所产生的抗体或细胞因子而获得的免疫力。主动免疫是动物受到某种病原微生物抗原刺激后，自身所产生的针对该抗原的免疫力，包括天然主动免疫和人工主动免疫两种类型。尤其是人工主动免疫在生产实践中对预防动物群发性传染病起着重要作用。

兽用疫苗接种动物体后，能刺激动物免疫系统产生特异性免疫应答，继而使动物体主动产生相应免疫力，所以又称为主动免疫制品。在疫病流行期间或受到疫病威胁时，可通过对动物群接种疫苗使动物免遭传染病的侵袭。

九、兽用疫苗的选购、贮藏、运输

（一）兽用疫苗的选购

在选购疫苗时，选择通过GMP验收的有生产许可证和批准文号的疫苗。应到国家指定或准许销售的兽用疫苗销售门店购买。

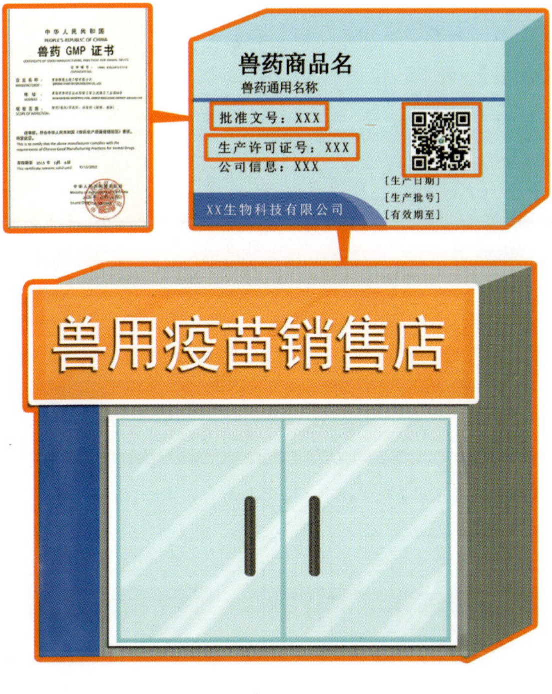

条件许可时，可用手机APP扫描疫苗盒/瓶上的二维码，查询疫苗的生产及出厂等追溯信息。

兽用疫苗说明书必须注明以下内容：

兽用疫苗说明书

【兽药名称】xxx

【主要成分】（型、株及活疫苗的最低活菌数或病毒滴度）

【性状】xxx

【作用与用途】xxx

【用法与用量】（冻干疫苗须标明稀释方法）

【注意事项】（包括不良反应与急救措施）

【规格】（容量和头份）

【贮藏与有效期】xxx

【包装】xxx

【批准文号】xxx

【生产企业信息】xxx

在购买时，应检查疫苗名称、生产厂家、批准文号、有效期、性状、贮藏条件等是否与说明书相符。查验说明书及疫苗，明确装量、稀释液、稀释度、每头剂量、使用方法及有关注意事项。

特别注意是否因高温、日晒、冻结、长霉、过期等各种有关因素造成疫苗失效。对过期、无批号、性状改变、颜色异常、玻璃瓶有裂纹、瓶塞松动或不明来源的疫苗，不应选购。

（二）兽用疫苗贮藏

根据不同种类疫苗选择不同的贮藏设备，按照产品标签、说明书要求进行贮藏。一般情况下活疫苗要求在2～8℃或−15℃以下条件下贮藏，可存放在冰柜或冰箱冷藏、冷冻室中；灭活疫苗和耐热保护剂弱毒活疫苗一般要求在2～8℃条件下贮藏，可存放冰箱冷藏室中；液氮苗必须存放在液氮罐中。

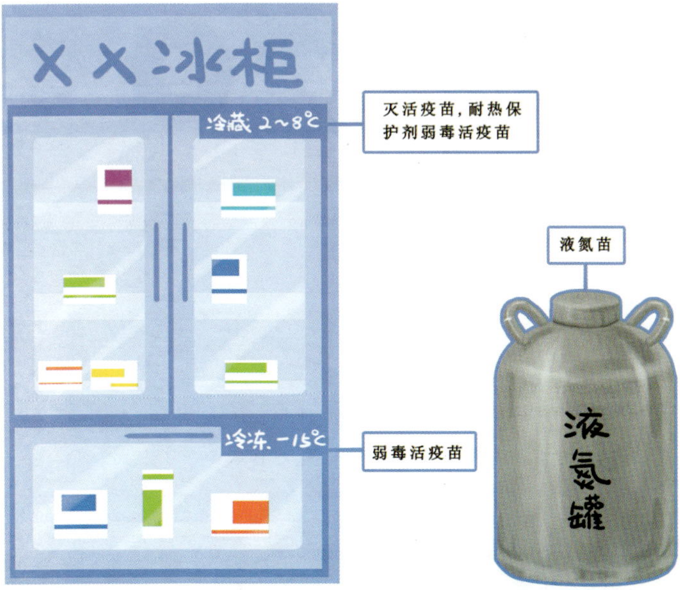

（三）兽用疫苗运输

疫苗的运输与贮藏条件一致，运送疫苗应采用最快的运输方式，尽量缩短运输时间。应根据情况采取相应的保护措施，避免在运输途中造成损害。

一般情况下活疫苗应在2 ~ 8℃或−15℃以下条件下冷藏运输，疫苗装入盛有冰块的泡沫箱内运送；灭活疫苗和耐热保护剂弱毒活疫苗宜在2 ~ 8℃温度下运送；液氮苗必须用液氮罐运送。

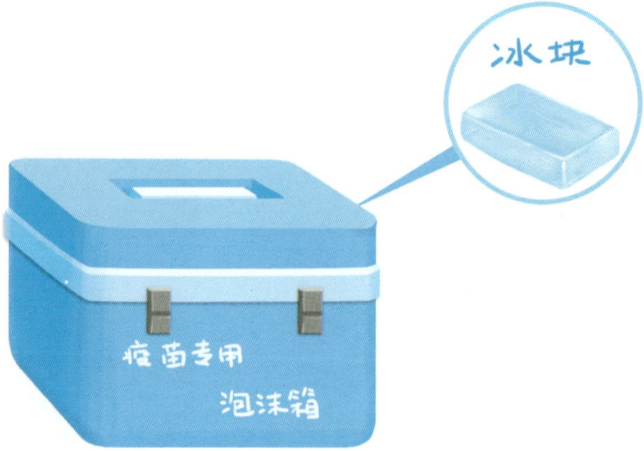

十、兽用疫苗的正确使用

（一）接种基本原则

1.正确选择疫苗

（1）选用的疫苗应该与所要预防的疫病类型相一致。

（2）选择安全和免疫效果好的疫苗。

2.专业兽医（防疫员）进行接种　参与进行疫苗接种的人员，必须具有相关的兽医知识和疫苗接种的知识。

3.严格执行免疫程序　应制定科学、合理的免疫程序，并严格按免疫程序接种。兽用疫苗接种人员必须掌握各种

疫苗的免疫时间和接种的间隔期。特别在接种容易受到母源抗体干扰的疫苗时，要在明确母源抗体滴度高低状况的情况下，制定免疫接种方案，尽量避开母源抗体对疫苗的干扰作用。

4.正确掌握疫苗接种禁忌 刚刚经历长途运输的畜禽、怀孕期间的家畜、产蛋期的家禽接种疫苗要谨慎，以免引起严重的副反应。已经潜伏感染某些疫病，特别是一些烈性传染病的动物，在接种疫苗时应特别慎重，以免因注射针头导致疫病传播，或由于应激反应导致疫病的暴发。

5.认真检查使用疫苗 接种前应严格检查使用的疫苗，凡过期、物理性状发生变化、变色、收缩、无真空、破乳、有异物、污染的疫苗，一律不能使用。疫苗要避免阳光直接照射，使用前方可从冷藏容器中取出。

（二）接种方法

按照产品说明书进行接种，一般情况下有下列方法：

1.皮下注射 禽类选取颈背部下1/3处，牛、马在颈侧中1/3处，猪在耳后或股内侧，犬、羊在股内侧，兔在耳后。

2.肌肉注射 牛、马在臀部和颈部，猪在耳后、臀部、颈部，羊、犬、兔在颈部，鸡在腿部和胸部肌肉。

3.饮水 饮水接种前应禁止饮水2～4小时。饮水器应置于阴凉处。饮水限1小时内饮完。

4.气雾法 畜禽舍要密闭减少空气流动，免疫时疫苗用量要加大，喷头距离鸡头0.5～1米。

5.刺种法 用刺种针蘸取稀释的疫苗，于翅膀内侧三角无血管处皮下刺种，应垂直刺下斜着拔出。

6.滴鼻、点眼　一般在幼禽、幼畜眼结膜囊内、鼻孔内，滴头与眼或鼻相距1厘米。

7.黏膜涂擦　将疫苗涂擦在禽类的泄殖腔黏膜上。

（三）使用前准备

（1）检查疫苗：疫苗使用前应查看箱（盒）内使用说明书，并逐瓶检查。瓶子完好无损，封口严密，瓶签上应清楚注有名称、批号、生产日期、有效期、规格等。

（2）准备免疫用器具：根据疫苗免疫方法选用器具，如注射器、针头、镊子、滴管、饮水器、喷雾器和稀释用瓶等，所用的器具均应进行严格消毒，避免交叉感染。

（四）接种注意事项

（1）免疫接种前后两天，应禁止对畜禽舍消毒，禁止投服一些抗菌类及抗病毒类药物。

（2）严禁用热水、温水及含氯消毒剂的水稀释疫苗，以防破坏疫苗的活性。

（3）注射过程应严格消毒。每注射一畜，更换一次针头；每注射一笼（或户）禽换一次针头，但最多不超过100只。

(4) 灭活苗使用前应充分摇匀，每次吸苗前再充分振摇。冻干疫苗加稀释液后，充分振摇，全部溶解。疫苗稀释后应放在阴凉处，在2小时内用完。如对较大的畜禽群接种，疫苗稀释应采取随用随溶解的方法，以免稀释后的疫苗存放时间过长，影响效力。

(5) 严格按照说明书推荐剂量使用，接种剂量要准确，不要过量，也不要擅自减量。

(6) 使用疫苗时应做好登记，包括疫苗名称、批号、注射地点、日期和畜（禽）数等。

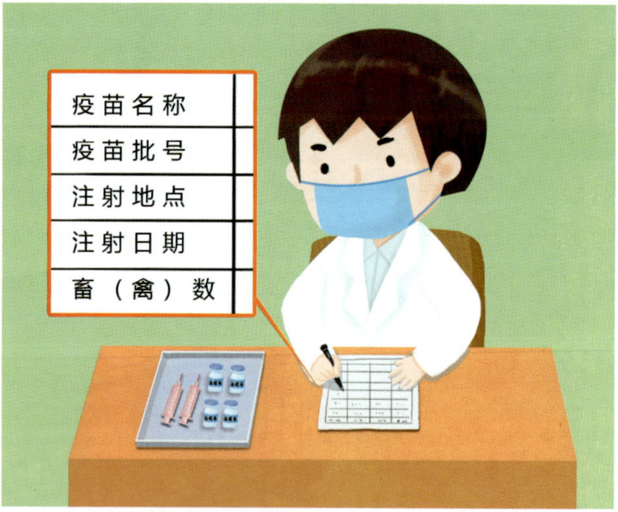

（五）接种后注意事项

(1) 疫苗接种后，一般需5 ~ 7天（油苗需10 ~ 15天）方能产生抗体，在此期间，应严格控制环境卫生，以免造成尚未完全产生免疫力之前感染强毒，而致使免疫失败。

（2）部分疫苗接种后，可能引起过敏反应，应仔细观察1 ～ 2日。发生严重过敏反应时，应立即用肾上腺素等药物脱敏（一次性肌肉或皮下注射0.1%的肾上腺素0.1 ～ 0.3毫克），以免导致死亡。

（3）接种后剩余药液及疫苗瓶等废弃物，应收集后进行焚烧或深埋等无害化处理，不可随处扔放。

（4）疫苗接种工作结束后，接触人员应立即用清水洗手并消毒。

十一、影响兽用疫苗免疫效果的因素

（一）疫苗因素

1.疫苗选择不当

血清型差异：有些病原的血清型较多，免疫接种时无法选用与本地流行毒（菌）株相对应的血清型疫苗。如大肠杆菌有100多个血清型，并且不同血清型之间缺乏交叉免疫作用。因此，用针对少数几种血清型制成的疫苗并不能很好地预防自然界流行的各种不同血清型引起的大肠杆菌病的发生。

使用非法疫苗：经疫苗传播的疾病很多，一旦使用非法产品，极易造成外源病毒污染或者支原体污染。在接种疫苗的同时人为感染一些病原微生物。

2.运输贮藏不当　疫苗运输、贮藏不当，如光照太强，温度过高或过低，超过有效期等都会导致疫苗的效价下降，造成免疫效果不佳甚至失效。

3.疫苗使用不当

疫苗稀释液使用不当：疫苗稀释浓度不当，疫苗中混入配伍禁忌的药物或其他疫苗，稀释过的活疫苗没有及时用完，免疫接种过程中出现动物漏免。

疫苗使用剂量不当：剂量过低则效力不足，剂量过大则引起免疫耐受或不安全。抗原剂量越大，所引起的免疫耐受越强越持久。

4.毒（菌）株产生变异　毒（菌）株的变异、超强毒（菌）株的出现，以及感染与本地流行毒（菌）株不同，或有别于疫苗株所保护的范围都会引起免疫失败。

（二）免疫程序因素

免疫程序的制定，应建立在对当地疫病的流行情况、动物群的种类、生产情况等方面的调查研究及免疫抗体或母源抗体监测的基础之上。制定适合本场特点的免疫程序，并非免疫的疫苗种类越多越好，免疫程序不能照抄照搬，要因地制宜。制定免疫程序时要着重考虑以下几个因素。

1.母源抗体的影响　免疫接种的母畜/禽可经初乳或卵将母源抗体传给下一代，使其得到被动保护，但母源抗体较高时也能影响疫苗的效力，因此必须等母源抗体消退到一定的水平之后才能接种疫苗。

2.免疫间的相互干扰 将两种或两种以上无交叉反应的抗原同时免疫接种时，机体可能会对其中一种抗原的免疫应答降低，因此，为保证免疫效果，对当地比较流行的传染病最好单独接种，同时在产生免疫力之前不要接种对该疫苗有抑制作用的疫苗。

3.免疫间隔时间的确定 同一类疫苗经过二次或二次以上的免疫后，所产生的抗体维持时间较长，达到的抗体水平较高。重复免疫的时间间隔是根据抗体的维持时间来确定的，一般最短间隔时间不得少于14天。

（三）动物自身因素

1.遗传因素　动物机体对接种抗原的免疫应答在一定程度上是受遗传控制的，不同品种，甚至相同品种不同个体，对同一疫苗的反应强弱也有差异，有些品种/个体畜禽生来就有先天性免疫缺陷。

2.疫病因素　某些疫病，如猪繁殖与呼吸综合征、鸡传染性法氏囊病的病原能损害畜禽的某些免疫器官，从而降低机体的免疫应答能力。

（四）营养因素

（1）维生素、氨基酸及某些微量元素的缺乏或不平衡等都会使机体免疫应答能力降低。

（2）饲料质量：某些预混料厂家不按质量标准配制预混料，或某些原材料供应商供给客户劣质假冒原料，都会影响免疫效果。

（五）药物因素

性激素对免疫应答有抑制作用，如睾丸激素、雄激素等对畜禽的免疫应答都有一定的影响。在使用含性激素药物时应注意畜禽群体免疫水平的改变。

一般动物免疫细菌活疫苗的同时不能使用抗生素及其他抗菌药物。免疫前后两天内不能对畜禽舍进行消毒。

（六）管理与环境因素

畜禽圈舍内温度、湿度、养殖密度、通风、有害气体浓度，运输、转栏、换料、用药及免疫接种等处理不当均会对畜禽产生应激。

此外，生物安全因素也很重要。养殖场门口设消毒池，加强圈舍防护、人员出入的管理，减少环境中病原微生物的传播。

十二、畜禽常用疫苗

（一）禽用疫苗

目前经批准正在使用的主要疫苗有：

1.禽流感疫苗 重组禽流感病毒（H5+H7）二价灭活疫苗（H5N1Re-8株+H7N9H7-Re1株）、禽流感灭活疫苗（H5N2亚型，D7株）、禽流感病毒H5亚型灭活疫苗（D7株+rD8株）、禽流感病毒H9亚型灭活疫苗等。

2.鸡新城疫疫苗 鸡新城疫活疫苗（La Sota株）、鸡新城疫灭活疫苗（La Sota株）、鸡新城疫活疫苗（CS2株）、鸡新城疫活疫苗（Clone30株）、鸡新城疫灭活疫苗（HB1株）、重组新城疫病毒灭活疫苗（A-Ⅶ株）以及在研发的相关新型疫苗。

3.鸡马立克氏病疫苗 鸡马立克氏病火鸡疱疹病毒活疫苗（FC-126株）、鸡马立克氏病活疫苗（814株）、鸡马立克氏病Ⅰ型、Ⅲ型二价活疫苗（814株+HVT Fc-126克隆株）、鸡马立克氏病活疫苗(CVI988株)、鸡马立克氏病Ⅰ+Ⅲ型二价活疫苗(CVI988+FC126株)等。

4.鸡传染性法氏囊病疫苗 鸡传染性法氏囊病活疫苗(B87株)、鸡传染性法氏囊病活疫苗（NF8株）、鸡传染性法氏囊病活疫苗（BJ836株）、鸡传染性法氏囊病活疫苗（K85株）等。

5.鸡传染性支气管炎疫苗 鸡传染性支气管炎活疫苗（H120株）、鸡传染性支气管炎活疫苗（H52株）、鸡传染性支气管炎活疫苗（W93株）、鸡传染性支气管炎活疫苗（LDT3-A株）等。

6.鸡毒支原体病疫苗 鸡毒支原体活疫苗、鸡毒支原体灭活疫苗。

7.鸡传染性鼻炎疫苗 鸡传染性鼻炎（A型）灭活疫苗、鸡传染性鼻炎（A型+C型）灭活疫苗等。

8.鸭瘟疫苗 鸭瘟活疫苗、鸭瘟灭活疫苗等。

9.鸭病毒性肝炎疫苗 鸭病毒性肝炎二价（Ⅰ型+Ⅲ型）灭活疫苗（YB3株+GD株）、鸭病毒性肝炎活疫苗（A66株）、鸭病毒性肝炎弱毒活疫苗（CH60株）等。

10.鸡痘疫苗 鸡痘活疫苗（鹌鹑化弱毒株）、鸡痘耐热保护剂活疫苗（细胞苗）、鸡痘耐热保护剂活疫苗（鸡胚苗）等。

11.禽脑脊髓炎疫苗 禽脑脊髓炎油乳剂灭活疫苗。

12.禽用联苗 由各种禽病单苗制成的联苗，如："新城疫、传染性支气管炎二联活疫苗新城疫、传染性支气管炎、禽流感病毒（H9亚型）三联灭活疫苗""禽脑脊髓炎、鸡痘二联活疫苗（YBF02株+鹌鹑化弱毒株）""新城疫、传染性支气管炎、减蛋综合征、禽流感病毒（H9亚型）四联灭活疫苗"等。

（二）猪用疫苗

目前经批准正在使用的主要疫苗有：

1.猪口蹄疫疫苗　猪口蹄疫O型灭活疫苗（O/Mya98/XJ/2010株+ O/GX/09-7株）、猪口蹄疫O型灭活疫苗（O/Mya98/BY/2010株）、猪口蹄疫O型灭活疫苗（OZK/93株）、猪口蹄疫O型合成肽疫苗（多肽2570+7309）等。

2.猪瘟疫苗　猪瘟活疫苗（兔源）、猪瘟活疫苗（细胞苗）、猪瘟活疫苗（传代细胞源）、猪瘟耐热保护剂活疫苗等。

3.猪细小病毒疫苗　猪细小病毒灭活疫苗（CP-99株）、猪细小病毒灭活疫苗（S-1株）、猪细小病毒灭活疫苗（BJ-2株）、猪细小病毒灭活疫苗（WH-1株）等。

4.猪伪狂犬疫苗　猪伪狂犬病耐热保护剂活疫苗（HB2000株）、猪伪狂犬病活疫苗（Bartha-K61株）、猪伪狂犬病耐热保护剂活疫苗（C株）、猪伪狂犬病灭活疫苗（闽A株）等。

5.猪繁殖与呼吸综合征（猪蓝耳病）疫苗　高致病性猪繁殖与呼吸综合征活疫苗（GDr180株）、猪繁殖与呼吸综合征活疫苗（CH-1R株）等。

6.猪支原体性肺炎（猪喘气病）疫苗　猪支原体肺炎活疫苗（RM48株）、猪支原体肺炎活疫苗（168株）等。

7.猪丹毒疫苗　猪丹毒活疫苗（GC42株）、猪丹毒活疫苗（G4T10株）、猪丹毒灭活疫苗等。

8.猪圆环病毒病疫苗　猪圆环病毒Ⅱ型灭活疫苗（ZJ/C

株)、猪圆环病毒2型灭活疫苗（DBN-SX07株)、猪圆环病毒2型灭活疫苗（SH株）等。

9.猪用联苗　由各种猪病单苗制成的联苗，如“猪瘟、猪丹毒、猪多杀性巴氏杆菌病三联活疫苗”等。

（三）牛羊用疫苗

目前经批准正在使用的主要疫苗有：

1.口蹄疫疫苗　牛口蹄疫O型、A型双价灭活疫苗、口蹄疫A型灭活疫苗（AF/72株）等。

2.布鲁氏菌病疫苗　布氏菌病活疫苗（S2株)、布氏菌病活疫苗（A19株)、布氏菌病活疫苗（M5株）等。

3.牛病毒性腹泻疫苗　牛病毒性腹泻/黏膜病灭活疫苗(1型，NM01株)，牛病毒性腹泻/黏膜病、传染性鼻气管炎二联灭活疫苗（NMG株+LY株）等。

4.牛多杀性巴氏杆菌病疫苗　牛多杀性巴氏杆菌病灭活疫苗。

5.小反刍兽疫疫苗　小反刍兽疫活疫苗（clone 9株)。

6.羊包虫病疫苗　羊棘球蚴（包虫）病基因工程亚单位疫苗。

7.羊痘疫苗　山羊痘活疫苗。

8.羊传染性胸膜肺炎疫苗　山羊传染性胸膜肺炎灭活疫苗（C87-1株)、山羊传染性胸膜肺炎灭活疫苗（山羊支原体山羊肺炎亚种C87001株）等。

9.羊快疫疫苗　羊快疫、猝狙、羔羊痢疾、肠毒血症三联四防灭活疫苗等。

十三、什么是假劣兽药

根据兽药管理条例规定：

有下列情形之一的，为假兽药：

（1）以非兽药冒充兽药或者以他种兽药冒充此种兽药的。

（2）兽药所含成分的种类、名称与兽药国家标准不符合的。

按假兽药处理的5种情形：

（1）国务院兽医行政管理部门规定禁止使用的。

（2）依照兽药管理条例规定应当经审查批准而未经审查批准即生产、进口的，或者依照兽药管理条例规定应当经抽查检验、审查核对而未经抽查检验、审查核对即销售、进口的。

（3）变质的。

（4）被污染的。

（5）所标明的适应症或者功能主治超出规定范围的。

有下列情形之一的，为劣兽药：

（1）成分含量不符合兽药国家标准或者不标明有效成分的。

（2）不标明或者更改有效期或者超过有效期的。

（3）不标明或者更改产品批号的。

（4）其他不符合兽药国家标准，但不属于假兽药的。

十四、如何识别假劣兽药

1．从名称上判断　兽药通用名称是国家兽药标准中收载的法定名称。

兽药的商品名，必须经兽药管理部门审核批准，不应有夸大宣传、暗示疗效作用。商品名在标签、说明书、包装上应有®或M标识。商品名不应比通用名醒目。

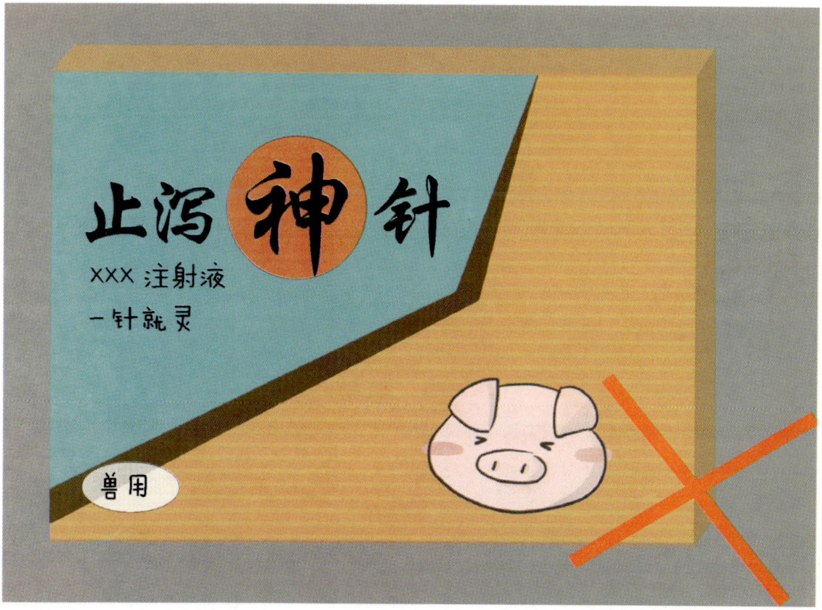

2. 从包装、标签和说明书判断　注意是否有包装。兽药的包装、标签及说明书上必须有兽用标识、兽药名称、主要成分、适应症、作用用途或功能主治、用法用量、含量/包装规格、批准文号或进口兽药登记许可证号、生产日期、生产批号、有效期、停药期、贮藏、包装数量、生产企业名称、地址等内容。

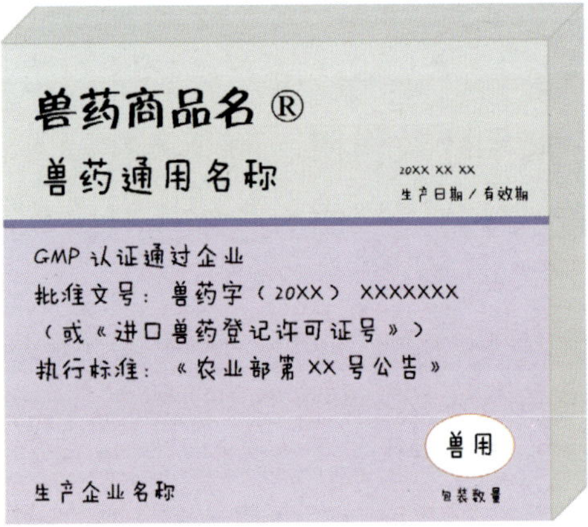

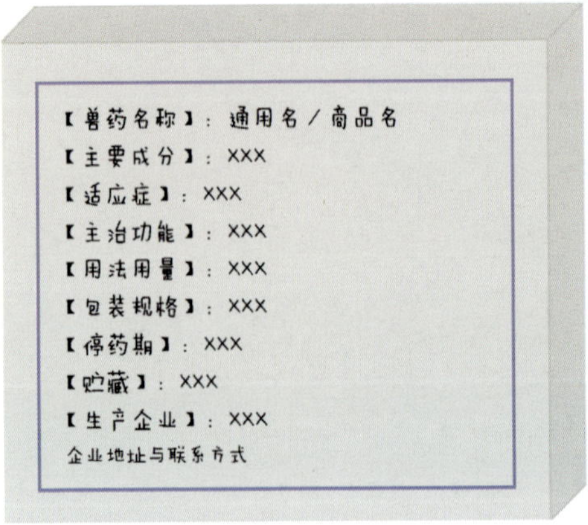

安瓿、西林瓶等注射或内服产品至少标明兽药名称、含量规格、生产批号。

成件的兽药产品应有产品质量合格证，内包装上附有检验合格标识，包装箱内有检验合格证。

3. 从批准文号识别　每种兽药产品都应印有规范且唯一的产品批准文号，进口兽药必须有登记许可证号。

识别真假兽药

批准文号编制格式如下：兽药类别简称＋企业所在地省（自治区、直辖市）序号＋企业序号＋兽药品种编号。

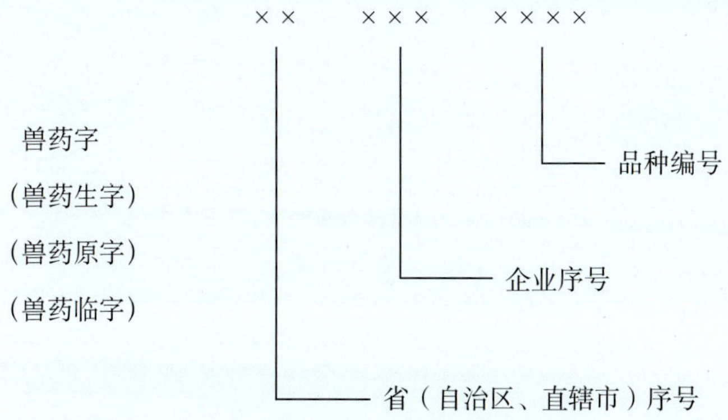

“兽药字”包括中药材、中成药、化学药品、抗生素、生化药品、放射性药品、外用杀虫剂和消毒剂等。

“兽药生字”包括血清制品、疫苗、诊断制品、微生态制品等。

“兽药原字”为原料药。

“兽药临字”是农业农村部核发的临时兽药产品批准文号。

企业所在地省（自治区、直辖市）序号用2位阿拉伯数字表示，由农业农村部规定并公告；企业序号按省排序，用3位阿拉伯数字表示，由省级人民政府兽医行政管理部门发布；兽药品种编号用4位阿拉伯数字表示，由农业农村部规定并公告。

产品文号可到中国兽药信息网基础数据库查询。

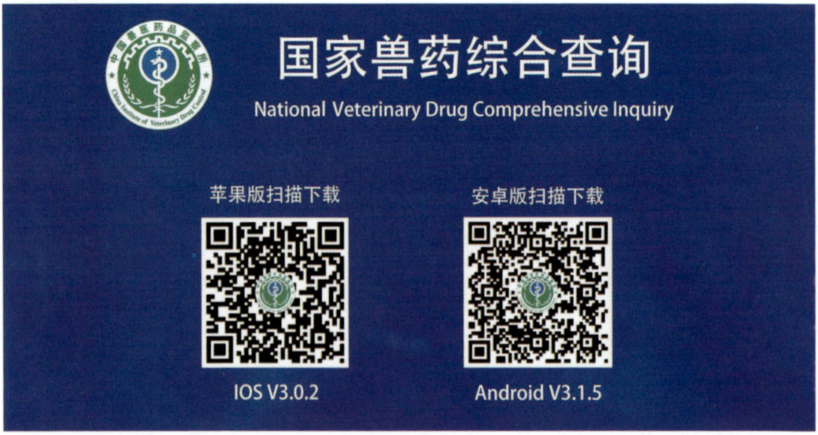

4. 通过二维码进行追溯查询　为实现兽药产品质量安全全程追溯，农业农村部实施兽药产品电子追溯码（二维

码）标识，我国生产、进口的所有兽药产品需赋“二维码”上市销售。

可通过“国家兽药综合查询”手机客户端（APP）进行查询。

手机扫描“安卓版移动客户端”（需Android 4.0及更高版本）或“苹果版移动客户端”（需IOS 8.2及更高版本）二维码进行下载。安卓手机用户还可通过豌豆荚、百度手机助手、360手机助手、安卓市场等，搜索“国家兽药综合查询”下载；苹果手机用户还可通过在APP Store里搜索“国家兽药综合查询”下载。

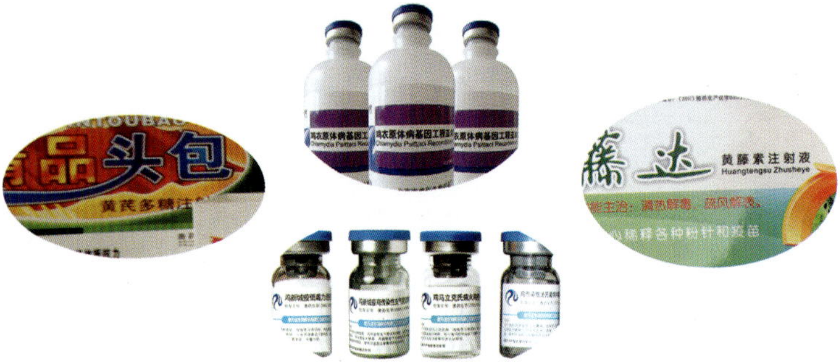
头包
黄芪多糖注射
黄藤素注射液
Huangtengsu Zhusheye

国家兽药基础数据库
版权所有：中国兽医药品监察所
Home
国家兽药基础数据库
National Veterinary Drug Basic Information Database

国家兽药基础数据库
版权所有：中国兽医药品监察所
Home
查询 兽药产品批准文号数据
相关信息类型：
企业名称：
通用名：
商品名：
批准文号：
查询
重置

注：最终辨别产品批准文号以农业农村部核发的兽药产品批准文号审批件为准

十五、科学合理使用兽药

使用兽药，应当遵守国务院兽医行政管理部门制定的兽药安全使用规定，并建立用药记录。

（一）不能使用农业农村部划定的禁药

不能使用假、劣兽药；

不能使用农业农村部发布的“食品动物中禁止使用的药品及其他化合物”（见附录2019年12月27日 中华人民共和国农业农村部公告第250号）。

不能在饲料和动物饮用水中添加激素类药品和农业农

村部规定的其他禁用药品。

在食品动物中停止使用喹乙醇、氨苯胂酸、洛克沙胂3种抗菌药（2018年1月11日中华人民共和国农业部公告第2638号）。

出口企业还要注意不能使用部分国家及地区明令禁用或重点监控的兽药及其他化合物（2003年4月10日中华人民共和国农业部公告第265号）。

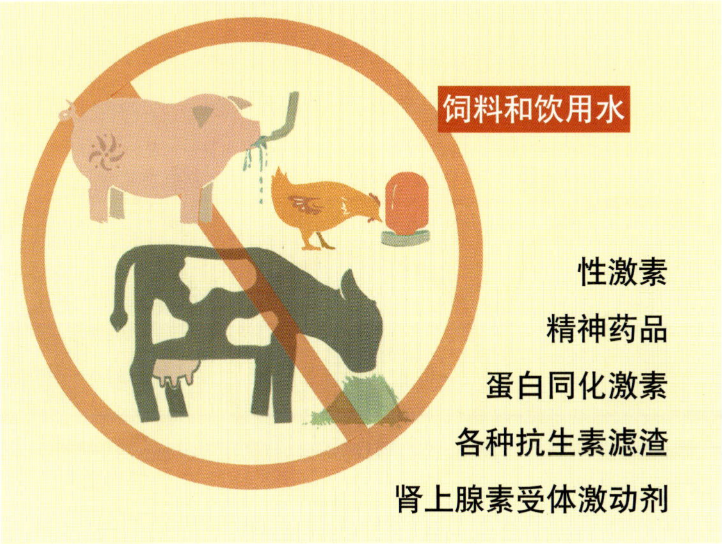

（二）不能滥用兽药

滥用兽药极易造成动物源食品中有害物质残留，长期使用和滥用抗生素极容易导致细菌产生耐药性，会降低动物机体的免疫力，并造成畜禽产品中兽药残留，不仅对人体健康造成直接危害，而且对畜牧业的发展和生态环境也造成极大危害。

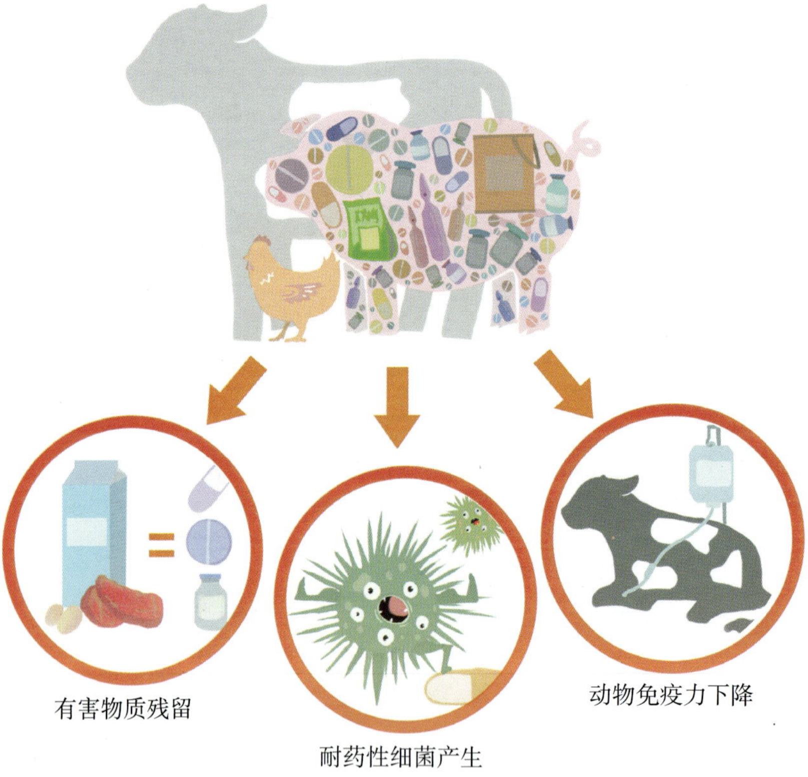

（三）要严格执行休药期规定

执行休药期规定，是为了避免出现蓄积或存留于畜禽机体或产品（如鸡蛋、奶品、肉品等）中的兽药或代谢产物，以及与兽药有关的杂质残留，为了保障畜产品的安全与销售。

有休药期规定的兽药用于食用动物时，饲养者应当向购买者或者屠宰者提供准确、真实的用药记录；购买者或者屠宰者应当确保动物及其产品在用药期、休药期内不被用于食品消费。

（四）规范饲料用药

2019年7月，农业农村部发布了194号公告，决定停止生产、进口、经营、使用部分药物饲料添加剂。同年12月，农业农村部发布了246号公告，对相关兽药产品质量标准修订和批准文号变更等有关事项进行说明。

自2020年1月1日起，退出除中药外的所用促生长类药物饲料添加剂品种，兽药生产企业停止生产、进口兽药代理商停止进口相应兽药产品，同时注销相应的兽药产品批准文号和进口兽药注册证书。此前已生产、进口的相应兽药产品可流通至2020年6月30日。

自2020年7月1日起，饲料生产企业停止生产含有促生长类药物饲料添加剂（中药类除外）的商品饲料。

对既有促生长又有防治用途的品种，修订产品质量标准，删除促生长用途，仅保留防治用途。

改变抗球虫和中药类药物饲料添加剂管理方式，不再核发“兽药添字”批准文号，改为“兽药字”批准文号，可在商品饲料和养殖过程中使用。

2020年1月15日，农业农村部完成对相应兽药产品“兽药添字”转为“兽药字”批准文号批件的变更和发放。

（五）科学使用消毒剂

消毒剂宜选择抗菌谱广、杀菌力强、作用迅速、消毒持续时间长、效力受环境影响力小、刺激性和腐蚀性较小、对人畜安全、价廉易得的消毒剂品种。

用于畜禽厩舍、粪池、污染场地、水源、屠宰场等以及运输工具、器械等消毒的消毒剂，通常可使用季铵盐类、酚类消毒剂、醛类消毒剂、卤素类消毒剂（如含氯石灰、复合亚氯酸钠、溴氯海因、三氯异氰尿酸、二氯异氰尿酸钠等）。

用于皮肤消毒时可使用苯扎溴铵、度米芬、乙醇、碘酊、氯己定、氯胺T、聚维酮碘、过氧化氢溶液等。

不论选用何种用途的消毒剂，选用时应仔细阅读产品标签或说明书。

附 录

中华人民共和国农业部公告 第2292号

为保障动物产品质量安全和公共卫生安全，我部组织开展了部分兽药的安全性评价工作。经评价，认为洛美沙星、培氟沙星、氧氟沙星、诺氟沙星4种原料药的各种盐、酯及其各种制剂可能对养殖业、人体健康造成危害或者存在潜在风险。根据《兽药管理条例》第六十九条规定，我部决定在食品动物中停止使用洛美沙星、培氟沙星、氧氟沙星、诺氟沙星4种兽药，撤销相关兽药产品批准文号。现将有关事项公告如下：

一、自本公告发布之日起，除用于非食品动物的产品外，停止受理洛美沙星、培氟沙星、氧氟沙星、诺氟沙星4种原料药的各种盐、酯及其各种制剂的兽药产品批准文号的申请。

二、自2015年12月31日起，停止生产用于食品动物的洛美沙星、培氟沙星、氧氟沙星、诺氟沙星4种原料药的各种盐、酯及其各种制剂，涉及的相关企业的兽药产品批准文号同时撤销。2015年12月31日前生产的产品，可以在2016年12月31日前流通使用。

三、自2016年12月31日起，停止经营、使用用于食品动物的洛美沙星、培氟沙星、氧氟沙星、诺氟沙星4种原料药的各种盐、酯及其各种制剂。

农业部

2015年9月1日

中华人民共和国农业部公告 第2428号

为保障动物产品质量安全和公共卫生安全，根据《兽药管理条例》规定，我部组织开展了硫酸黏菌素安全性评价工作。根据评价结果，我部决定停止硫酸黏菌素用于动物促生长。现将有关事项公告如下。

一、发布修订后的硫酸黏菌素预混剂和硫酸黏菌素预混剂（发酵）的质量标准、标签和说明书，自2016年11月1日起执行。我部原发布的同品种质量标准同时废止（农业部公告第1594号同品种质量标准除外）。

二、2016年11月1日前，已申报硫酸黏菌素预混剂和硫酸黏菌素预混剂（发酵）批准文号且兽药检验机构已完成样品检验的，兽药检验报告标注的执行标准可为原兽药质量标准。

三、按原兽药质量标准取得产品批准文号的，兽药生产企业应按照本公告发布的标签和说明书样稿自行修改标签和说明书内容。2016年11月1日起生产的产品，应使用新的产品标签和说明书。

四、2016年10月31日（含）前生产的产品，可在2017年4月30日前继续流通使用。

五、删除农业部公告第168号附录1产品目录中的“硫酸黏菌素预混剂”。

六、已取得硫酸黏菌素预混剂和硫酸黏菌素预混剂（发酵）批准文号的兽药生产企业，应于2016年11月1日前将批准文号批件送至我部兽医局，统一将“兽药添字”更换为“兽药字”，其他批准信息不变。

特此公告。

附件：1. 质量标准（略）

2. 标签和说明书（略）

农业部

2016年7月26日

中华人民共和国农业部公告 第2638号

为保障动物产品质量安全，维护公共卫生安全和生态安全，我部组织对喹乙醇预混剂、氨苯胂酸预混剂、洛克沙胂预混剂3种兽药产品开展了风险评估和安全再评价。评价认为喹乙醇、氨苯胂酸、洛克沙胂等3种兽药的原料药及各种制剂可能对动物产品质量安全、公共卫生安全和生态安全存在风险隐患。根据《兽药管理条例》第六十九条规定，我部决定停止在食品动物中使用喹乙醇、氨苯胂酸、洛克沙胂等3种兽药。现将有关事项公告如下。

一、自本公告发布之日起，我部停止受理喹乙醇、氨苯胂酸、洛克沙胂等3种兽药的原料药及各种制剂兽药产品批准文号的申请。

二、自2018年5月1日起，停止生产喹乙醇、氨苯胂酸、洛克沙胂等3种兽药的原料药及各种制剂，相关企业的兽药产品批准文号同时注销。2018年4月30日前生产的产品，可在2019年4月30日前流通使用。

三、自2019年5月1日起，停止经营、使用喹乙醇、氨苯胂酸、洛克沙胂等3种兽药的原料药及各种制剂。

农业部

2018年1月11日

中华人民共和国农业农村部公告 第246号

根据《兽药管理条例》《饲料和饲料添加剂管理条例》有关规定，按照《遏制细菌耐药国家行动计划（2016—2020年）》和《全国遏制动物源细菌耐药行动计划（2017—2020年）》部署，我部已发布农业农村部公告第194号，停止生产、进口、经营、使用部分药物饲料添加剂。现就相关兽药产品质量标准修订和批准文号变更等有关事项公告如下。

一、自2020年1月1日起，废止仅有促生长用途的药物饲料添加剂等品种质量标准（目录见附件1），注销相关兽药产品批准文号和进口兽药注册证书（目录见附件2）。

二、我部已完成既有促生长又有防治用途药物饲料添加剂、抗球虫和中药类药物饲料添加剂品种的质量标准和说明书范本修订工作，现发布修订后的质量标准和说明书范本（见附件3），自2020年1月1日起执行，原我部发布的同品种质量标准和说明书范本同时废止。相关兽药生产企业按照修订后的说明书范本自行修改相关产品标签和说明书内容，标签内容不得超过说明书规定内容范围。标签和说明书上的产品批准文号由“兽药添字”变为“兽药字”，其他信息不变。

三、我部已完成抗球虫类药物饲料添加剂相关进口兽药品种的质量标准、标签和说明书样稿修订工作，现发布修订后的质量标准、标签和说明书样稿（见附件4），自2020年1月1日起执行，原我部发布的同品种质量标准、标签和说明书样稿同时废止。相关进口兽药生产企业按照修订后的标签和说明书样稿印制相关产品标签和说明书，标签和说明书上的进口兽药注册证书号不变。

四、2020年1月15日前，我部统一组织完成相关兽药产品“兽药添字”转“兽药字”批准文号批件变更和发放工作。

特此公告。

附件：1.废止的药物饲料添加剂质量标准目录（略）

2.注销的相关兽药产品批准文号和进口兽药注册证书目录（略）

3.金霉素预混剂等15个兽药产品质量标准和说明书范本（略）

4.拉沙洛西钠预混剂等5个进口兽药产品质量标准和标签、说明书样稿（略）

农业农村部

2019年12月19日

中华人民共和国农业农村部公告 第250号

为进一步规范养殖用药行为，保障动物源性食品安全，根据《兽药管理条例》有关规定，我部修订了食品动物中禁止使用的药品及其他化合物清单，现予以发布，自发布之日起施行。食品动物中禁止使用的药品及其他化合物以本清单为准，原农业部公告第193号、235号、560号等文件中的相关内容同时废止。

附件：食品动物中禁止使用的药品及其他化合物清单

农业农村部

2019年12月27日

附　件

食品动物中禁止使用的药品及其他化合物清单

序号	药品及其他化合物名称
1	酒石酸锑钾（Antimony potassium tartrate）
2	β-兴奋剂（β-agonists)类及其盐、酯
3	汞制剂：氯化亚汞（甘汞）（Calomel）、醋酸汞（Mercurous acetate）、硝酸亚汞（Mercurous nitrate）、吡啶基醋酸汞（Pyridyl mercurous acetate）
4	毒杀芬（氯化烯）（Camahechlor）
5	卡巴氧（Carbadox）及其盐、酯
6	呋喃丹（克百威）（Carbofuran）
7	氯霉素（Chloramphenicol）及其盐、酯
8	杀虫脒（克死螨）（Chlordimeform）
9	氨苯砜（Dapsone）
10	硝基呋喃类：呋喃西林（Furacilinum）、呋喃妥因（Furadantin）、呋喃它酮（Furaltadone）、呋喃唑酮（Furazolidone）、呋喃苯烯酸钠（Nifurstyrenate sodium）
11	林丹（Lindane）
12	孔雀石绿（Malachite green）
13	类固醇激素：醋酸美仑孕酮（Melengestrol Acetate）、甲基睾丸酮（Methyltestosterone）、群勃龙（去甲雄三烯醇酮）（Trenbolone）、玉米赤霉醇（Zeranal）
14	安眠酮（Methaqualone）
15	硝呋烯腙（Nitrovin）
16	五氯酚酸钠（Pentachlorophenol sodium）
17	硝基咪唑类：洛硝达唑（Ronidazole）、替硝唑（Tinidazole）
18	硝基酚钠（Sodium nitrophenolate）
19	己二烯雌酚（Dienoestrol）、己烯雌酚（Diethylstilbestrol）、己烷雌酚（Hexoestrol）及其盐、酯
20	锥虫砷胺（Tryparsamile）
21	万古霉素（Vancomycin）及其盐、酯

兽用处方药品种目录

中华人民共和国农业部公告 第1997号

根据《兽药管理条例》和《兽用处方药和非处方药管理办法》规定，我部组织制定了《兽用处方药品种目录(第一批)》，现予发布，自2014年3月1日起施行。

特此公告。

农业部

2013年9月30日

兽用处方药品种目录（第一批）（节选）

一、抗微生物药

（一）抗生素类

1. β-内酰胺类：注射用青霉素钠、注射用青霉素钾、氨苄西林混悬注射液、氨苄西林可溶性粉、注射用氨苄西林钠、注射用氯唑西林钠、阿莫西林注射液、注射用阿莫西林钠、阿莫西林片、阿莫西林可溶性粉、阿莫西林克拉维酸钾注射液、阿莫西林硫酸黏菌素注射液、注射用苯唑西林钠、注射用普鲁卡因青霉素、普鲁卡因青霉素注射液、注射用苄星青霉素。

2. 头孢菌素类：注射用头孢噻呋、盐酸头孢噻呋注射液、注射用头孢噻呋钠、头孢氨苄注射液、硫酸头孢喹肟注射液。

3. 氨基糖苷类：注射用硫酸链霉素、注射用硫酸双氢链霉素、硫酸双氢链霉素注射液、硫酸卡那霉素注射液、注射用硫酸卡那霉素、硫酸庆大霉素注射液、硫酸安普霉素注射液、硫酸安普霉素可溶性粉、硫酸安普霉素预混剂、硫酸新霉素溶液、硫酸新霉素粉（水产用）、硫酸新霉素预混剂、硫酸新霉素可溶性粉、盐酸大观霉素可溶性粉、盐酸大观霉素盐酸林可霉素可溶性粉。

4. 四环素类：土霉素注射液、长效土霉素注射液、盐酸土霉素注射液、注射用盐酸土霉素、长效盐酸土霉素注射液、四环素片、注射用盐酸四环素、盐酸多西环素粉（水产用）、盐酸多西环素可溶性粉、盐酸多西环素片、盐酸多西环素注射液。

5.大环内酯类：红霉素片、注射用乳糖酸红霉素、硫氰酸红霉素可溶性粉、泰乐菌素注射液、注射用酒石酸泰乐菌素、酒石酸泰乐菌素可溶性粉、酒石酸泰乐菌素磺胺二甲嘧啶可溶性粉、磷酸泰乐菌素磺胺二甲嘧啶预混剂、替米考星注射液、替米考星可溶性粉、替米考星预混剂、替米考星溶液、磷酸替米考星预混剂、酒石酸吉他霉素可溶性粉。

6.酰胺醇类：氟苯尼考粉、氟苯尼考粉（水产用）、氟苯尼考注射液、氟苯尼考可溶性粉、氟苯尼考预混剂、氟苯尼考预混剂（50%）、甲砜霉素注射液、甲砜霉素粉、甲砜霉素粉（水产用）、甲砜霉素可溶性粉、甲砜霉素片、甲砜霉素颗粒。

7.林可胺类：盐酸林可霉素注射液、盐酸林可霉素片、盐酸林可霉素可溶性粉、盐酸林可霉素预混剂、盐酸林可霉素硫酸大观霉素预混剂。

8.其他：延胡索酸泰妙菌素可溶性粉。

中华人民共和国农业部公告 第2471号

根据《兽药管理条例》和《兽用处方药和非处方药管理办法》规定，我部组织制定了《兽用处方药品种目录（第二批）》，现予发布，自发布之日起施行。对列入目录的兽药品种，兽药生产企业按照有关要求自行增加“兽用处方药”标识，印制新的标签和说明书。原标签和说明书，兽药生产企业可继续使用至2017年6月30日，此前使用原标签和说明书生产的兽药产品，在产品有效期内可继续销售使用。

特此公告。

附件：兽用处方药品种目录（第二批）

农业部

2016年11月28日

附 件

兽用处方药品种目录（第二批）

序号	通用名称	分类	备注
1	硫酸黏菌素预混剂	抗生素类	
2	硫酸黏菌素预混剂（发酵）	抗生素类	
3	硫酸黏菌素可溶性粉	抗生素类	
4	三合激素注射液	泌尿生殖系统药物	
5	复方水杨酸钠注射液	中枢神经系统药物	含巴比妥
6	复方阿莫西林粉	抗生素类	
7	盐酸氨丙啉磺胺喹噁啉钠可溶性粉	磺胺类药	
8	复方氨苄西林粉	抗生素类	
9	氨苄西林钠可溶性粉	抗生素类	
10	高效氯氰菊酯溶液	杀虫药	
11	硫酸庆大-小诺霉素注射液	抗生素类	
12	复方磺胺二甲嘧啶钠可溶性粉	磺胺类药	
13	联磺甲氧苄啶预混剂	磺胺类药	
14	复方磺胺喹噁啉钠可溶性粉	磺胺类药	
15	精制敌百虫粉	杀虫药	
16	敌百虫溶液（水产用）	杀虫药	
17	磺胺氯达嗪钠乳酸甲氧苄啶可溶性粉	磺胺类药	
18	注射用硫酸头孢喹肟	抗生素类	
19	乙酰氨基阿维菌素注射液	抗生素类	

中华人民共和国农业农村部公告 第245号

根据《兽药管理条例》和《兽用处方药和非处方药管理办法》规定，我部组织制定了《兽用处方药品种目录(第三批)》，现予发布，自发布之日起施行。对列入目录的兽药品种，兽药生产企业按照有关要求自行增加“兽用处方药”标识，印制新的标签和说明书。原标签和说明书，兽药生产企业可继续使用至2020年6月30日，此前使用原标签和说明书生产的兽药产品，在产品有效期内可继续销售使用。

特此公告。

附件：兽用处方药品种目录（第三批）

农业部

2019年12月29日

附　件

兽用处方药品种目录（第三批）

序号	通用名称	分类	备注
1	吉他霉素预混剂	抗生素类	
2	金霉素预混剂	抗生素类	
3	磷酸替米考星可溶性粉	抗生素类	
4	亚甲基水杨酸杆菌肽可溶性粉	抗生素类	
5	头孢氨苄片	抗生素类	
6	头孢噻呋注射液	抗生素类	
7	阿莫西林克拉维酸钾片	抗生素类	
8	阿莫西林硫酸黏菌素可溶性粉	抗生素类	
9	阿莫西林硫酸黏菌素注射液	抗生素类	
10	盐酸沃尼妙林预混剂	抗生素类	
11	阿维拉霉素预混剂	抗生素类	
12	马波沙星片	合成抗菌药	
13	马波沙星注射液	合成抗菌药	
14	注射用马波沙星	合成抗菌药	
15	恩诺沙星混悬液	合成抗菌药	
16	美洛昔康注射液	抗炎药	
17	戈那瑞林注射液	泌尿生殖系统药物	
18	注射用戈那瑞林	泌尿生殖系统药物	

（续）

序号	通用名称	分类	备注
19	土霉素子宫注入剂	局部用药物	
20	复方阿莫西林乳房注入剂	局部用药物	
21	硫酸头孢喹肟乳房注入剂（泌乳期）	局部用药物	
22	硫酸头孢喹肟子宫注入剂	局部用药物	

图书在版编目（CIP）数据

兽药安全使用知识手册／中国兽医药品监察所编. —北京：中国农业出版社，2020.3（2020.5重印）
（农家书屋助乡村振兴丛书）
ISBN 978-7-109-26414-4

Ⅰ.①兽… Ⅱ.①中… Ⅲ.①兽用药–用药法–手册 Ⅳ.①S859.79–62

中国版本图书馆CIP数据核字（2019）第279730号

中国农业出版社出版
地址：北京市朝阳区麦子店街18号楼
邮编：100125
责任编辑：王琦瑢
版式设计：韩小丽　　责任校对：刘飏雨
印刷：中农印务有限公司
版次：2020年3月第1版
印次：2020年5月北京第2次印刷
发行：新华书店北京发行所
开本：880mm×1230mm　1/32
印张：2.75
字数：90千字
定价：25.00元